上海市工程建设规范

建筑信息模型技术应用统一标准

Standard for building information model technology application

DG/TJ 08—2201—2023

J 13453—2024

主编单位：华东建筑集团股份有限公司

批准部门：上海市住房和城乡建设管理委员会

施行日期：2024 年 7 月 1 日

同济大学出版社

2024 上海

图书在版编目(CIP)数据

建筑信息模型技术应用统一标准 / 华东建筑集团股份有限公司主编. --上海：同济大学出版社，2024.10.
ISBN 978-7-5765-1306-6

Ⅰ. TU201.4-65

中国国家版本馆 CIP 数据核字第 2024RC9094 号

建筑信息模型技术应用统一标准

华东建筑集团股份有限公司 **主编**

责任编辑 朱 勇
责任校对 徐春莲
封面设计 陈益平

出版发行 同济大学出版社 www.tongjipress.com.cn
(地址：上海市四平路 1239 号 邮编：200092 电话：021-65985622)
经 销 全国各地新华书店
印 刷 浦江求真印务有限公司
开 本 889mm×1194mm 1/32
印 张 1.875
字 数 47 000
版 次 2024 年 10 月第 1 版
印 次 2024 年 10 月第 1 次印刷
书 号 ISBN 978-7-5765-1306-6
定 价 20.00 元

上海市住房和城乡建设管理委员会文件

沪建标定〔2024〕21 号

上海市住房和城乡建设管理委员会关于批准《建筑信息模型技术应用统一标准》为上海市工程建设规范的通知

各有关单位：

由华东建筑集团股份有限公司主编的《建筑信息模型技术应用统一标准》，经我委审核，现批准为上海市工程建设规范，统一编号为 DG/TJ 08—2201—2023，自 2024 年 7 月 1 日起实施。原《建筑信息模型应用标准》DG/TJ 08—2201—2016 同时废止。

本标准由上海市住房和城乡建设管理委员会负责管理，华东建筑集团股份有限公司负责解释。

上海市住房和城乡建设管理委员会

2024 年 1 月 16 日

前　言

根据上海市住房和城乡建设管理委员会《关于印发〈2020 年上海市工程建设规范、建筑标准设计编制计划〉的通知》（沪建标定〔2019〕752 号）要求，由华东建筑集团股份有限公司会同相关单位共同对上海市工程建设规范《建筑信息模型应用标准》DG/TJ 08—2201—2016 进行修订。

在修订过程中，标准编制组进行了广泛深入的调查研究，总结了近年来我国建筑信息模型技术应用的实践经验，对标和采纳国家标准，参考和结合国内、上海市先进标准，并经过反复讨论，广泛征求全国有关单位和专家意见，最后经审查定稿。修订后的标准作为上海市建筑信息模型标准体系中的通用标准，规定了上海市 BIM 应用的总体方向与统一标准，专用标准均应符合本标准的规定。

本标准的主要内容有：总则；术语；基本规定；BIM 数据；实施策划；协同管理；模型创建；规划阶段应用；设计阶段应用；施工阶段应用；运维阶段应用；BIM 评价。

本标准修订的主要内容是：

1. 对标准框架进行了调整，加强各章节之间的逻辑关系。

2. 对标准内容进行了更新，围绕“数据是核心、协同是关键、模型是载体、应用是目标”的编制原则，对建筑信息模型技术应用的 BIM 数据与执行应用进行了更全面的梳理与规范。

各单位及相关人员在执行本标准过程中，如有意见和建议，请反馈至上海市住房和城乡建设管理委员会（地址：上海市大沽路 100 号；邮编：200003；E-mail：shjsbzgl@163. com），华东建筑集团股份有限公司（地址：上海市石门二路 258 号；邮编：200041；

E-mail：jtbgs@arcplus.com.cn），上海市建筑建材业市场管理总站（地址：上海市小木桥路683号；邮编：200032；E-mail：shgcbz@163.com），以供修订时参考。

主 编 单 位：华东建筑集团股份有限公司

参 编 单 位：上海市建筑科学研究院有限公司

复旦大学

上海建筑设计研究院有限公司

华建数创（上海）科技有限公司

华建集团上海建筑科创中心

华东建筑设计研究院有限公司

上海华建工程建设咨询有限公司

上海建科工程咨询有限公司

中国建筑第八工程局有限公司

上海建工集团工程研究总院

上海市地下空间设计研究总院有限公司

上海城建城市运营（集团）有限公司

上海市城市建设设计研究总院（集团）有限公司

上海市隧道工程轨道交通设计研究院

广联达科技股份有限公司

上海安世亚太汇智科技股份有限公司

上海宾孚数字科技集团有限公司

主要起草人：高承勇 成红文 王平山 王玉宇 徐旻洋

洪 辉 严炜炯 周红波 曾莎洁 芮烨豪

周向东 蒋中行 姚 军 潘嘉凝 于 亮

王万平 张丹萌 王 刚 潘昊麟 唐大为

赵 越 张 帆 余 飞 孙 璐 董 峰

陆 扬 蒋琴华 琚 娟 周丽南 马明磊

蒋绮琛 张 凡 唐森骑 陈 燕 陈 禹

管亚君 曹 峰 郦振中 滕 丽 戴 彬

张晓松　杨海涛　王佳亮　吴文高　辛佐先
孟　柯　丁建洋　陈　琳　王秋生　李会涛
谭喜峰　程　嘉　徐劼勇　蔡国华　翟　超

主要审查人: 魏　来　朱　伟　庞学雷　张　湄　过　俊
王晓鸿　邓雪原

上海市建筑建材业市场管理总站

目　次

Contents

1 总 则

1.0.1 为贯彻执行上海市推进建筑信息模型技术应用的政策，促进建筑信息模型技术应用持续深化发展，统一建筑信息模型技术应用基础要求，提高应用效率和效益，制定本标准。

1.0.2 本标准适用于上海市建设工程建筑信息模型技术应用。

1.0.3 建筑信息模型技术应用，除应符合本标准外，尚应符合国家、行业和上海市现行有关标准的规定。

2 术 语

2.0.1 建筑信息模型 building information model

全生命期工程项目或其组成部分的物理特征、功能特性及管理要素等共享信息应用的数字化表达。简称模型。

2.0.2 建筑信息模型技术 building information model technology

支持全生命期工程项目或其组成部分的物理特征、功能特性及管理要素等共享信息应用的数字化表达的技术体系。简称模型技术。

2.0.3 建筑信息模型技术应用 building information model technology application

在工程项目或其组成部分的全生命期内，利用建筑信息模型技术进行的一系列数字化信息应用活动。简称模型应用。

2.0.4 协同平台 collaboration platform

基于信息技术，支持建筑设计过程中多专业、全过程、全参与方进行协作的工具或系统。

2.0.5 几何信息 geometric information

建筑信息模型内部和外部空间结构的几何表达。

2.0.6 属性信息 non-geometric information

除几何信息之外所有属性等信息的集合。

2.0.7 工程对象 engineering object

构成建设工程的建筑物、系统、设施、设备、构件、零件等物理实体的集合。

2.0.8 建筑信息模型单元 building information model unit

建筑信息模型中承载建筑信息的实体及其相关属性的集合，是工程对象的数字化表述。简称模型单元。

2.0.9 建筑信息模型实施策划 building information model execution plan

在项目建筑信息模型技术应用实施前编制的文件，该文件概述建筑信息模型技术具体项目中应用的目标以及团队实现该目标需遵循的实施内容与要求。简称模型实施策划。

2.0.10 通用数据模式 common data schema

基于统一表达方式，支持多软件进行数据交换的数据结构定义。

2.0.11 模型精细度 level of model definition

建筑信息模型中所容纳的模型单元丰富程度的衡量指标。

2.0.12 几何信息表达精度 level of geometric detail

模型单元在视觉呈现时，几何表达真实性和精确性的衡量指标。

2.0.13 属性信息表达深度 level of information detail

模型单元承载属性信息详细程度的衡量指标。

2.0.14 通用数据环境 common data environment

基于信息容器的项目或资产信息管理系统，由信息容器的收集、管理、分发的可控处理过程组成。

2.0.15 建筑信息模型技术应用评价 building information model technology application evaluation

对项目在规划、设计、施工或运维阶段建筑信息模型技术应用的策划、过程和结果的水平、成熟度和价值的综合评价。简称模型应用评价。

2.0.16 规划阶段建筑信息模型技术应用 building information model technology application in planning

建设工程规划阶段建筑信息模型技术应用。简称规划模型应用。

2.0.17 设计阶段建筑信息模型技术应用 building information model technology application in design

建设工程设计阶段建筑信息模型技术应用。简称设计模型应用。

2.0.18 施工阶段建筑信息模型技术应用 building information model technology application in construction

建设工程施工阶段建筑信息模型技术应用。简称施工模型应用。

2.0.19 运维阶段建筑信息模型技术应用 building information model technology application in operation

建设工程运维阶段建筑信息模型技术应用。简称运维模型应用。

3 基本规定

3.0.1 BIM 应用应以项目全生命期的数据为核心，通过协同作业模式，以工程对象的数字三维模型为载体，支撑规划、设计、施工和运维各阶段的应用。

3.0.2 BIM 应用应建立通用数据环境，形成一种通用的、标准化的数据管理环境，用以支持各类数据的存储、传输、处理和分析，为规划、设计、施工和运维全过程应用提供数据服务。

3.0.3 BIM 应用应建立软件、硬件及网络环境。

3.0.4 BIM 应用应采用可访问、信息可共享、开放的通用数据模式建立 BIM 数据库管理系统。

3.0.5 BIM 应用应统筹考虑项目全生命期应用的需求，开展 BIM 实施策划，制定数据交换、协同工作、模型创建及各阶段应用的内容和要求。

3.0.6 BIM 应用应考虑与其他公共平台的数据衔接，实现信息共享。

3.0.7 BIM 应用宜优先采用具有自主知识产权的国产化技术。

3.0.8 BIM 应用应保障项目全生命期实施过程的信息安全，并符合国家和行业信息安全标准的规定。

4 BIM数据

4.1 一般规定

4.1.1 BIM数据应满足全生命期BIM应用的要求，支持BIM数据管理方和使用方对相关数据的应用。

4.1.2 BIM应用应建立通用的分类和编码规则进行信息语义识别，分类和编码的编制应符合现行国家标准《信息分类和编码的基本原则与方法》GB/T 7027和《建筑信息模型分类和编码标准》GB/T 51269的规定，并与现有其他标准相协调，未涉及领域的分类和编码在专用标准中进行补充。

4.1.3 BIM数据应采用通用数据模式进行管理和使用，并符合现行国家标准《建筑信息模型存储标准》GB/T 51447的规定。

4.1.4 BIM应用应约定数据交换通用规则，保证数据在项目全生命期的完整性和一致性。

4.2 分类和编码

4.2.1 BIM应用应根据模型管理、创建和应用的需要进行分类和编码，并满足项目全生命期中工程对象识别、数据传递共享的要求。

4.2.2 对工程对象进行逐一识别时，分类和编码应与编号配合使用。

4.2.3 分类和编码应根据工程对象的建设工程领域、本体属性、空间属性和功能属性进行分类，并在后期应用时可根据需要进行扩展。

4.2.4 分类和编码的引用、扩展及新增应按照统一格式进行规定，确保各领域协调一致，宜符合表 4.2.4 的规定。

表 4.2.4 分类和编码编制说明

表代码	分类表名称	编制说明	索引
10	按功能分建筑物	引用	GB/T 51269
11	按形态分建筑物	引用	GB/T 51269
12	按功能分建筑空间	引用	GB/T 51269
13	按形态分建筑空间	引用	GB/T 51269
14	元素	扩展	GB/T 51269
15	工作成果	扩展	GB/T 51269
20	工程建设项目阶段	扩展	GB/T 51269
21	行为	引用	GB/T 51269
22	专业领域	扩展	GB/T 51269
30	建筑产品	扩展	GB/T 51269
31	组织角色	扩展	GB/T 51269
32	工具	引用	GB/T 51269
33	信息	引用	GB/T 51269
40	材质	引用	GB/T 51269
41	属性	扩展	GB/T 51269
1×	某领域元素	新增	—
2×	某领域行为/工艺	新增	—
3×	某领域产品	新增	—
4×	某领域属性	新增	—
××	补充其他领域	新增	—

4.2.5 模型属性信息应与分类和编码建立关联或映射关系，并通过 BIM 数据库管理系统进行统一管理与使用。

4.3 通用数据模式

4.3.1 通用数据模式应包括核心层、共享层、专业领域层和资源层四个概念层。

4.3.2 扩展、新增的数据对象应以属性集与属性拓展的方式为原则，增加符合建设工程各领域建筑信息模型应用所需要的通用及业务信息，满足建设工程各领域的数据应用。

4.4 数据交换

4.4.1 数据交换应包括组织与流程、交换内容、交换方式等。

4.4.2 数据交换宜覆盖建设工程规划、设计、施工和运维的全生命期，也可根据工程实际需求覆盖部分环节或任务。

4.4.3 数据交换涉及的各参与方宜包括建设单位、设计单位、施工单位和运维单位等。

4.4.4 建设单位应结合项目建设管理模式和各参与方 BIM 应用水平，明确各参与方基于 BIM 的数据交换流程，并通过数据交换模板的形式明确数据交换内容。

4.4.5 数据交换内容应包括模型几何信息和属性信息，其中几何信息宜通过工业基础类的标准交换格式进行交换，属性信息宜通过数据交换模板实现数据的交换。

4.4.6 数据交换方法可分为基于文件的数据交换方式、基于程序接口的数据交换方式和基于模型数据库的数据交换方式。

建设工程全生命期数据交换具体要求应符合现行上海市工程建设规范《建筑信息模型数据交换标准》DG/TJ 08—2443 的相关规定。

5 实施策划

5.1 一般规定

5.1.1 BIM 实施策划应包含 BIM 实施总体策划和各阶段 BIM 实施方案。

5.1.2 BIM 实施总体策划应统筹考虑规划、设计、施工和运维各阶段的应用需求，明确项目全生命期的 BIM 应用目标与要求。

5.1.3 各阶段 BIM 实施方案应以 BIM 实施总体策划为基础，指导规划、设计、施工和运维各阶段的 BIM 应用。

5.2 BIM 实施总体策划

5.2.1 工程项目在 BIM 技术实施前，建设单位应根据项目特点和工程项目相关方 BIM 应用水平，主导编制 BIM 实施总体策划，并遵照 BIM 实施总体策划进行 BIM 应用的过程管理。

5.2.2 BIM 实施总体策划应由建设单位主导编制，各参建单位宜共同参与。

5.2.3 BIM 实施总体策划宜包含下列内容：

1 BIM 实施总体目标。

2 BIM 实施的范围和内容。

3 BIM 实施的组织架构和职责。

4 BIM 实施的环境配置。

5 BIM 实施的数据交换要求。

6 BIM 实施的总体管理方法。

7 BIM 实施的总计划。

8 BIM 实施的技术质量通用要求。

9 BIM 实施的合约、法务支持及相关保障措施。

10 BIM 实施的信息安全要求。

11 非相关标准规定的自定义内容。

12 BIM 实施的评价标准。

5.2.4 BIM 实施总体策划宜根据项目实施情况进行更新和修订,并及时发布。

5.3 各阶段 BIM 实施方案

5.3.1 各阶段 BIM 实施方案应由各阶段 BIM 实施负责单位主导编制,并确保各阶段 BIM 实施方案相互关联、相互匹配。

5.3.2 各阶段 BIM 实施方案按照工程项目阶段可分为规划阶段 BIM 实施方案、设计阶段 BIM 实施方案、施工阶段 BM 实施方案和运维阶段 BIM 实施方案。

5.3.3 各阶段 BIM 实施方案应根据各阶段要求,宜对以下内容进行深化与补充:

1 各阶段 BIM 实施目标。

2 各阶段 BIM 实施的范围和内容。

3 各阶段 BIM 实施的组织架构、岗位职责、界面分工。

4 各阶段 BIM 实施的管理方法。

5 各阶段 BIM 实施的总计划。

6 各阶段 BIM 模型要求。

7 各阶段 BIM 实施的技术质量通用要求。

8 各阶段非相关标准规定的自定义内容。

9 各阶段 BIM 实施的交付成果要求。

10 各阶段的 BIM 实施特殊要求。

11 各阶段之间的 BIM 实施衔接要求。

5.3.4 各阶段 BIM 实施方案宜根据各阶段实施情况进行更新和修订,并及时发布,以保证实施的一致性。

6 协同管理

6.1 一般规定

6.1.1 BIM 应用应根据 BIM 实施策划，制定统一的工作流程开展 BIM 协同工作。

6.1.2 BIM 应用全过程实施应在协同平台中进行。

6.1.3 协同管理应由建设单位主导，各参建单位共同参与，宜与建设项目管理相结合。

6.2 工作流程

6.2.1 BIM 协同工作流程按照实施的层次分为建设阶段、专项应用和具体任务三个层级，应设定建设阶段层级流程衔接各阶段，并设定建设阶段层级内部流程衔接各专项应用。

6.2.2 BIM 协同工作流程的设定应包括角色、活动、逻辑和时限四个要素：

1 角色包括流程的负责人、流程的关键人员和流程的执行者。

2 活动包括流程各节点操作和 BIM 数据输入输出条件。

3 逻辑包括节点之间的关系、判断条件和流转方向。

4 时限包括流程整体和节点的处理时效。

6.3 协同平台

6.3.1 协同平台应支撑通用数据环境，确保项目全生命期内 BIM 数据共享。

6.3.2 协同平台应具备项目信息存储、查阅、模型浏览、模型信息处理、模型管理应用、管理流程制定等基本功能。

6.3.3 协同平台应实现文件及数据的分类管理，区分阶段、参与方、用途等不同属性。

6.3.4 协同平台应设定各参与方基本工作规则，包括下列内容：

1 协同平台功能介绍。

2 协同工作方法的具体要求。

3 协同工作角色的职责与义务。

4 协同平台中相关辅助工具的使用说明等。

6.3.5 协同平台应依据BIM实施策划，设置各参与方权限，对项目各参与方进行权限管理，明确工作范围和职责。

6.3.6 协同平台应设置平台管理员，承担协同平台的实施和维护工作，包括下列内容：

1 文件和数据的存储及备份。

2 账户和权限管理。

3 工作记录。

4 参与协同工作方法的制定。

5 协同规则的执行和监督等。

6.3.7 协同平台宜具有与相关数字化技术集成或融合，开放性和互操作性的能力。

6.3.8 协同平台应具有时效保障、信息共享、信息留存、信息安全机制，并符合有关法律法规、国家和行业信息安全相关标准的规定。

7 模型创建

7.1 一般规定

7.1.1 模型应根据项目阶段、专业和任务的 BIM 应用需要，按 BIM 实施策划规定的规则和要求创建。

7.1.2 模型应由模型单元组成，最小模型单位应由模型精细度等级确定。

7.1.3 模型应采用统一的坐标系和公制单位，按实际尺寸进行建模。

7.2 模型精细度

7.2.1 模型精细度基本等级划分应符合表 7.2.1 的规定。根据工程项目的应用需求，可在基本等级之间扩充模型精细度等级。

表 7.2.1 模型精细度基本等级划分

模型精细度基本等级	代号	包含的最小模型单位
1.0 级	LOD1.0	项目级模型单元
2.0 级	LOD2.0	功能级模型单元
3.0 级	LOD3.0	构件级模型单元
4.0 级	LOD4.0	零件级模型单元

7.2.2 模型精细度等级应从模型单元的几何信息表达精度和属性信息表达深度两个维度进行表达，表达方式应采用{Gn，Nn}，其中，Gn 表示几何信息表达精度等级，Nn 表示属性信息表达深度等级，n 的取值区间为 1～4。

7.2.3 模型单元几何信息表达精度的等级划分应符合表7.2.3的规定。

表7.2.3 几何信息表达精度等级代号

几何精度等级	代号	几何精度要求
1级几何精度	G1	满足二维化或者符号化识别需求的几何精度
2级几何精度	G2	满足空间占位、主要颜色等粗略识别需求的几何精度
3级几何精度	G3	满足建造、安装流程、采购等精细识别需求的几何表达精度(设备类仅需准确反应外部10 cm及以上几何尺寸及构造,内部无要求)
4级几何精度	G4	满足制造加工等高精度识别需求的几何表达精度

7.2.4 模型单元属性信息表达深度等级的划分应符合表7.2.4的规定。

表7.2.4 属性信息表达深度等级代号

信息深度等级	代号	信息深度要求
1级信息深度	N1	需要至少包含以下内容: • 项目信息 • 模型单元信息
2级信息深度	N2	修订和补充N1等级信息,增加: • 系统信息模型单元
3级信息深度	N3	修订和补充N2等级信息,增加: • 建造安装信息 • 生产信息
4级信息深度	N4	修订和补充N3等级信息,增加: • 资产信息 • 维护信息

7.2.5 建设工程各阶段模型精细度宜符合下列规定:

1 规划阶段模型精细度等级不宜低于LOD1.0。

2 设计阶段模型中,方案设计模型精细度等级不宜低于LOD1.0,初步设计模型精细度等级不宜低于LOD2.0,施工图设计模型精细度等级不宜低于 LOD3.0。

3 施工阶段模型精细度等级不宜低于 LOD4.0。

4 运维阶段模型精细度等级应满足实际运维需求。

7.2.6 模型单元几何信息表达精度和属性信息表达深度的制定，应符合项目阶段、专业和任务的应用要求。

7.3 模型要求

7.3.1 模型应包含和体现以下内容：

1 模型单元的系统分类和关联关系。

2 模型单元的几何信息和几何精度。

3 模型单元的属性信息和信息深度。

4 数据来源。

7.3.2 模型、模型单元及其属性命名宜符合下列规定：

1 命名应简明且易于辨识。

2 模型单元应根据项目、工程对象特征命名。

3 同一项目中，表达同一工程对象系列的模型单元命名应统一。

4 模型单元属性的名称宜由单个特征属性表述。

7.3.3 模型按阶段应划分为规划模型、方案设计模型、初步设计模型、施工图设计模型、深化设计模型、施工模型、竣工模型和运维模型。

7.3.4 各阶段模型创建后，应根据项目不同阶段、专业、任务的需要，对模型进行整合与集成。

7.3.5 项目过程中设计内容发生变更时，应更新相应模型、模型单元及其属性信息，并记录且及时发布变更。

8 规划阶段应用

8.1 一般规定

8.1.1 规划 BIM 应根据规划 BIM 实施方案，在勘察与测绘、规划设计阶段进行 BIM 应用。

8.1.2 规划 BIM 数据宜来自项目前期阶段 BIM 数据和成果，并考虑与设计阶段的对接。

8.1.3 规划 BIM 数据宜包含现状数据和规划数据。

8.2 BIM 应用及成果要求

8.2.1 规划 BIM 包含的内容，宜符合表 8.2.1 的规定。

表 8.2.1 规划阶段 BIM 应用

序号	规划阶段	应用场景	定义
1	勘察与测绘	三维地质构造可视化	以三维图形的方式对地质勘探数据加以显示，包括数学建模和可视化显示
2		地质体积测算	用于通过地质区域的 3D 参数法对地质进行三维建模，并根据模型进行体积测算
3		预先风险性分析	在勘察测绘开始前对存在的危险类别、出现条件、事故后果等进行概率性地分析，尽可能评价出潜在的危险性
4		场地信息模拟	通过创建建筑信息模型，直接对地质资源、地形地貌进行勘察，为综合分析提供数据支持
5		物探数据三维可视化	创建市政现状管线及地下障碍物信息模型，以三维图形的方式对物探数据加以显示

续表8.2.1

序号	规划阶段	应用场景	定义
6	规划设计	交通规划分析	根据对历史和现状的交通供需状况与地区的人口、经济和土地利用之间的相互关系进行分析研究，从而对地区未来交通运输发展需求进行的分析
7		可视域分析	在栅格数据的表面，对于一个或者多个观察点，基于一定的相对高度，对给定观察点可视覆盖区域的分析
8		汇水径流（淹没）分析	根据指定的最大、最小高程值及淹没速度，动态模拟某区域水位由最小高程涨到最大高程的淹没过程
9		高程分析	对地面某点到高度起算面的垂直距离分析
10		坡度坡向分析	坡度和坡向是两个重要的地形特征因子，从晕渲图制作的角度出发，对不同数据情况、不同坡度坡向计算方法得到的坡度坡向进行对比，研究制图区域数据分辨率以及地区类型对坡度坡向计算的影响
11		日照阴影分析	基于三维模型对日照环境进行模拟，对建筑物的阴影区域进行计算和模拟
12		退界分析	对建筑物在建设用地范围内的退让控制进行分析
13		限高分析	根据特定条件要求，对建筑高度进行限定分析
14		沉浸式仿真互动	利用计算机生成一种模拟环境，通过多种传感设备使用户“进入”该环境中

8.2.2 建设单位应组织相关实施单位根据规划BIM实施方案和其他相关交付标准，对规划BIM成果进行审核，审核通过后进行归档留存。

8.2.3 规划BIM成果的类型宜包括规划模型、模型使用说明书、工程图纸、计算文档、分析结果等交付物。

9 设计阶段应用

9.1 一般规定

9.1.1 设计 BIM 应根据设计 BIM 实施方案，在方案设计、初步设计和施工图设计阶段进行 BIM 应用。
9.1.2 设计 BIM 数据应来自规划 BIM 数据和成果，并考虑与施工阶段的对接。
9.1.3 设计 BIM 应配合专业设计进行逐轮的检查与优化，并按不同设计阶段实施。

9.2 BIM 应用及成果要求

9.2.1 设计 BIM 包含的内容，宜符合表 9.2.1 的规定。

表 9.2.1 设计阶段 BIM 应用

序号	设计阶段	应用场景	定义
1	方案设计	场地分析	在场地规划设计和建筑设计的过程中，提供可视化的模拟分析数据
2		建筑性能模拟分析	对建筑物的日照、采光、通风、能耗、人员疏散、火灾烟气、声学、结构、碳排放等进行模拟分析
3		造型技术及参数化设计	将工程本身编写为函数与过程，通过修改初始条件并经计算机计算得到工程结果的设计过程
4		设计选项比选	通过构建或局部调整方式，形成多个备选的设计方案模型（包括建筑、结构、设备）进行比选

续表9.2.1

序号	设计阶段	应用场景	定义
5	方案设计	虚拟仿真漫游	利用BIM软件模拟建筑物的三维空间关系和场景,通过漫游、动画和VR等形式提供身临其境的视觉、空间感受
6		周边环境的建模	通过环境拍照以及高速激光扫描测量等方法,大面积、高分辨率地快速获取现场的三维空间关系和场景模型数据
7	初步设计	明细表统计	利用模型,对面积、空间等进行明细表统计
8		辅助算量分析	利用模型,精确统计各项常用面积指标,以辅助进行技术指标测算
9		性能化分析	利用专业的性能分析软件与模型,对建(构)筑物搬迁过程、管线搬迁过程、施工过程中的道路保通过程等进行模拟分析
10	施工图设计	设计冲突检查	基于各专业模型,应用BIM三维可视化技术检查施工图设计阶段的碰撞
11		人防平战转换布置	在平时专业模型中添加人防临战转换相关内容,体现战时人防设施布置
12		三维管线综合及净空优化	基于各专业模型,完成建筑项目设计图纸范围内各种管线布设与建筑、结构平面布置和竖向高程相协调的三维协同设计工作。优化机电管线排布方案,对建筑物最终的竖向设计空间进行检测分析,并给出最优的净空高度
13		工程量统计	创建符合工程量统计要求的建筑信息模型,便于开展建筑信息模型的工程量统计,为后续造价算量提供数据参考
14		预留预埋设计	创建墙、板以及二次结构的孔洞预留和预埋件,实现预留孔洞和预埋件的提前检查
15		大型设备运输路径检查	动态展示项目大型设备安装的空间需求和检修路径,优化设计方案
16		多专业整合与优化	创建各机电专业设备终端,从符合规范要求、利于安装与检修、满足空间使用要求等方面优化各专业设备终端位置尺寸,输出墙面设备终端视图,指导施工

9.2.2 建设单位应组织设计 BIM 相关的实施单位根据设计 BIM 实施方案和其他相关交付标准，对设计 BIM 成果进行审核，审核通过后进行归档留存。

9.2.3 设计 BIM 成果的类型宜包括设计模型、模型使用说明书、工程图纸、计算文档、分析结果等交付物。

10 施工阶段应用

10.1 一般规定

10.1.1 施工 BIM 应根据施工 BIM 实施方案，在施工准备、施工实施和竣工验收阶段进行 BIM 应用。

10.1.2 施工 BIM 数据应来自设计 BIM 数据和成果，并考虑与运维阶段的对接。

10.1.3 施工 BIM 宜符合绿色建造和数字建造的要求。

10.2 BIM 应用及成果要求

10.2.1 施工 BIM 包含的内容，宜符合表 10.2.1 的规定。

表 10.2.1 施工阶段 BIM 应用

序号	施工阶段	应用场景	定义
1	施工准备	各专业深化设计	基于施工图设计模型进行深化，形成深化设计模型，输出深化设计图等
2		施工组织和计划	使用 BIM 技术，进行施工场地平面布置、资源配置、工序安排等应用，辅助施工组织和计划安排
3		施工方案	使用 BIM 技术，针对专项施工方案进行专项应用分析与模拟，输出施工专项方案分析报告及施工专项分析模型
4		算量与造价	基于施工深化设计模型创建算量模型，按照清单规范和消耗量定额确定工程量清单项目，输出工程量清单，并配合进行施工造价分析
5		施工交底	针对工程项目中的重点施工方案、施工工艺等进行基于 BIM 的可视化交底

续表10.2.1

序号	施工阶段	应用场景	定义
6	施工实施	质量管理	基于深化设计模型或预制加工模型创建质量管理模型，按照质量验收标准和施工资料标准确定质量验收计划，进行质量验收、质量问题处理、质量问题分析工作
7		成本管理	基于深化设计模型或预制加工模型以及清单规范和消耗量定额创建成本管理模型，进行招标、合同、变更、材料、预决算等管理，辅助施工成本预测、计算、控制、核算、分析、考核
8		进度管理	基于施工深化模型创建进度管理模型，按照定额完成工程量估算和资源配置、进度计划优化，并通过进度计划审查
9		安全管理	基于安全管理模型，结合安全管理标准确定安全技术措施计划，采取安全技术措施，处理安全隐患和事故，分析安全问题
10		物资管理	创建物资管理模型，结合物资管理标准确定物资管理方案，编制物资消耗计划
11		资料管理	结合施工深化模型，根据实际施工情况，进行施工阶段资料数据的上传、下载及统计等全要素管理
12		智慧工地管理	结合施工深化模型，开展现场智慧工地建设和运行，包括 BIM+VR、AR、MR 等虚实交互的安全管理以及基于 BIM 的人员管理、机械设备管理等
13	竣工验收	竣工模型创建	基于施工深化设计模型，结合竣工验收需求创建竣工模型
14		竣工预验收	将竣工预验收与竣工验收合格后形成的验收信息和资料附加或关联到模型中，形成竣工模型

10.2.2 建设单位应组织施工 BIM 相关的实施单位根据施工 BIM 实施方案和其他相关交付标准，对施工 BIM 成果进行审核，审核通过后进行归档留存。

10.2.3 施工 BIM 成果的类型宜包括施工 BIM 模型、模型使用说明书、竣工图纸、计算文档、分析结果等交付物。

10.2.4 竣工图纸、竣工模型应与工程实物保证一致。

11 运维阶段应用

11.1 一般规定

11.1.1 运维 BIM 应根据运维 BIM 实施方案，在运维阶段进行 BIM 应用。

11.1.2 运维 BIM 数据应来自竣工 BIM 数据和成果，并根据运维阶段状况进行更新维护。运维模型宜基于竣工模型进行调整，并根据运维阶段管理需求进行构建和轻量化处理。

11.1.3 运维阶段 BIM 应用宜结合 BIM 运维管理系统进行，使用物联网数据支持运维应用。

11.2 BIM 应用及成果要求

11.2.1 运维 BIM 包含的内容，宜符合表 11.2.1 的规定。

表 11.2.1 运维阶段 BIM 应用

序号	应用场景	定义
1	空间管理	使用 BIM 技术有效管理空间，根据运维需要划分空间网格，集成并分析空间网格运行数据，优化空间使用效率，辅助空间管理决策
2	资产管理	使用 BIM 技术实现对设施设备资产的生命周期管理和维护，并通过模型进行资产数据的查询、定位与分析
3	应急管理	使用 BIM 技术，支持应急预案管理、应急预案模拟、应急事件处置、应急事件评估等
4	维保管理	使用 BIM 技术，支持运维人员进行设施设备维护计划、任务分配、执行和跟踪，并帮助运维人员更快地诊断问题、制定解决方案

续表11.2.1

序号	应用场景	定义
5	能耗管理	使用BIM技术结合能源计量系统，对日常能源消耗情况进行实时监控和运行优化，实现节能减排
6	监测管理	使用BIM技术有效管理设施设备安全与健康监测信息，标注监测点位、监测设备与监测对象，并结合设施设备安全与健康监测系统和数据，对设施设备安全与健康状态进行实时监测、分析预警与决策支持

11.2.2 运维BIM成果的类型宜包括运维BIM模型、各类运维应用、使用说明文档等交付物。

11.2.3 运维BIM成果宜通过BIM运维管理系统展示与交付。

12 BIM 评价

12.1 一般规定

12.1.1 BIM 评价应遵循因时制宜的原则，结合项目的类型、规模和资源等特点，针对项目 BIM 应用的策划、过程和结果进行评价。

12.1.2 BIM 评价应以单个项目为评价对象，宜对规划、设计、施工、运维单阶段 BIM 应用情况或全生命期 BIM 技术综合应用进行评价。全生命期 BIM 技术综合应用至少包括设计阶段和施工阶段的 BIM 应用。

12.1.3 BIM 评价主体应对评价对象提交的 BIM 成果的质量、时效和价值进行评价。

12.1.4 BIM 评价主体宜由建设单位或其委托的第三方机构担任。

12.2 评价内容

12.2.1 BIM 评价内容应包括 BIM 策划评价、BIM 模型评价、BIM 应用评价、BIM 数据评价和 BIM 协同评价五个部分。

12.2.2 BIM 策划评价内容宜对 BIM 实施方案以下内容的完整性、针对性和适用性进行评价：

1 BIM 合同策划。

2 BIM 实施组织架构策划。

3 BIM 应用阶段策划。

4 BIM 应用项策划。

5 项目级 BIM 标准策划。

6 人员团队策划。

7 协同数据环境策划。

8 进度计划等。

12.2.3 BIM 模型评价宜包含以下内容：

1 模型的专业完整性，系统和构件的完整性。

2 模型命名、细度和尺寸等的合规性。

3 模型单元定位、尺寸、材质、规格型号与图纸的一致性。

4 模型属性设置的合理性、完整性和实用性。

5 模型更新的及时性。

12.2.4 BIM 应用评价宜包含以下内容：

1 BIM 应用过程和结论与项目特点难点结合的针对性。

2 BIM 应用成果与图纸、施工组织设计、施工进度计划的一致性。

3 BIM 应用成果在发现问题、优化改进设计施工方案的价值性。

4 BIM 问题整改的闭合性。

12.2.5 BIM 数据评价宜包含以下内容：

1 各专业 BIM 数据策划的完整性。

2 单个系统或模型单元数据的完整性和准确性。

3 跨阶段实施 BIM 应用的项目，不同阶段之间数据传递的有效性。

12.2.6 BIM 协同评价宜包含以下内容：

1 参建各方 BIM 协同职责的明确性。

2 BIM 协同平台管理流程与现场管理流程融合的有效性。

3 BIM 协同流程实施的完整性。

本标准用词说明

1 为便于在执行本标准条文时区别对待，对于要求严格程度不同的用词说明如下：

1）表示很严格，非这样做不可的用词：
正面词采用“必须”；
反面词采用“严禁”。

2）表示严格，在正常情况下均应这样做的用词：
正面词采用“应”；
反面词采用“不应”或“不得”。

3）表示允许稍有选择，在条件许可时首先应这样做的用词：
正面词采用“宜”；
反面词采用“不宜”。

4）表示有选择，在一定条件下可以这样做的用词，采用“可”。

2 条文中指明应按其他有关标准执行的写法为“应按……执行”或“应符合……的规定”。

引用标准名录

1 《建设工程分类标准》GB/T 50841
2 《建筑信息模型施工应用标准》GB/T 51235
3 《建筑信息模型分类和编码标准》GB/T 51269
4 《建筑信息模型设计交付标准》GB/T 51301
5 《建筑信息模型存储标准》GB/T 51447
6 《信息分类和编码的基本原则与方法》GB/T 7027
7 《建筑信息模型数据交换标准》DG/TJ 08—2443

标准上一版编制单位及人员信息

DG/TJ 08—2201—2016

主 编 单 位:华东建筑设计研究院有限公司
上海建科工程咨询有限公司
参 编 单 位:复旦大学
中船第九设计研究院工程有限公司
上海市政工程设计研究总院(集团)有限公司
上海建工集团股份有限公司
中国建筑第八工程局有限公司
上海现代建筑设计集团工程建设咨询有限公司
上海大学
上海凯德数值信息科技有限公司
上海观念信息技术有限公司
上海斐讯数据通信技术有限公司
绿地控股集团有限公司
上海市隧道工程轨道交通设计研究院
上海市城市建设设计研究总院
上海市地下空间设计研究总院有限公司
同济大学
上海宝冶集团有限公司
上海宝地置业有限公司
同济大学建筑设计研究院(集团)有限公司
上海世博发展(集团)有限公司
欧特克软件(中国)有限公司

达索析统(上海)信息技术有限公司
上海大华项目管理咨询有限公司
上海江欢成建筑设计有限公司
北京鸿业同行科技有限公司
安世亚太科技股份有限公司

主要起草人员：高承勇　李嘉军　王国俭　周红波　谭　丹
徐旻洋　周向东　汪丛军　翟　韦　李　杰
张吕伟　刘　平　姚守俨　朱盛波　胡　琨
杜　娟　李彤军　朱川海　马建民　李　硕
刘　翀　王　凯

参与编写人员：夏海兵　杨海涛　杨　彬　李　桦　袁　捷
张东升　胡婉兰　辛佐先　李邵建　姚　奔
王广庆　朱小羽　顾　庆　程之春　花炳灿
傅　杨　陈叶青　汪海良　贺鸿珠　康元鸣
陆　杨　孙　璐　苏　骏　邹　为　施晨欢
蒋琴华　王晓军　宋怡昆　徐劼勇　武学文
赵济安　徐佩珍

主要审查人员：江锦康　王广斌　罗明廉　杨富春　王　静
魏　来　过　俊　毕湘利　顾景文

上海市工程建设规范

建筑信息模型技术应用统一标准

DG/TJ 08—2201—2023

J 13453—2024

条 文 说 明

2024 上海

目　次

Contents

1 总 则

1.0.1 国家标准《建设工程分类标准》GB/T 50841—2013 中第 2.0.1 条规定了建设工程是指为人类生活、生产提供物质技术基础的各类建(构)筑物和工程设施。第 1.0.3 条规定了建设工程按自然属性可分为建筑工程、土木工程和机电工程三大类,按使用功能可分为房屋建筑工程、铁路工程、公路工程、水利工程、市政工程、煤炭矿山工程、水运工程、海洋工程、民航工程、商业与物资工程、农业工程、林业工程、粮食工程、石油天然气工程、海洋石油工程、火电工程、水电工程、核工业工程、建材工程、冶金工程、有色金属工程、石化工程、化工工程、医药工程、机械工程、航天与航空工程、兵器与船舶工程、轻工工程、纺织工程、电子与通信工程和广播电影电视工程等;各行业建设工程可按自然属性进行分类和组合。

1.0.2 上海市建筑信息模型标准体系,是上海市针对 BIM 应用推广制定的标准蓝图,跟随技术发展和业务需求不断更新和充实。本标准为上海市建筑信息模型标准体系中的通用标准,规定了本市 BIM 应用的总体方向与统一标准,专用标准均应符合本标准的规定。上海市 BIM 标准体系框架见图 1。

<table>
<tr><td colspan="10">上海市BIM标准体系</td></tr>
<tr><td colspan="2">通用标准</td><td colspan="8">专用标准</td></tr>
<tr><td>BIM数据</td><td>执行应用</td><td>民用建筑工程</td><td>人防工程</td><td>市政道路桥梁工程</td><td>市政给排水工程</td><td>城市轨道交通工程</td><td>港口航道工程</td><td>岩土工程</td><td>…</td></tr>
</table>

图 1 上海市 BIM 标准体系框架

2 术 语

2.0.14 通用数据环境可以支持各类数据的存储、传输、处理和分析，同时也能为各种应用程序提供数据服务。通用数据环境可以是一个软件平台或硬件设施，具有高度的灵活性和互操作性，能够适应不同的数据需求和应用场景。其作用是方便数据共享、提高数据利用率和推动创新应用。

3 基本规定

3.0.6 BIM 应用应考虑与其他公用平台的数据衔接，尤其要保证与当前建设推广的系统平台实现信息共享，符合行业发展方向。例如：随着 BIM 技术的推广应用，上海市进一步推进工程建设施工图设计文件审查改革工作，逐步建立基于 BIM 技术的审批体系，因此，BIM 应用交付成果宜考虑与监管部门 BIM 模型审查系统的对接；随着城市建设数字化的发展，上海市进一步推动城市精细化综合管理，建立与维护城市建设与运行数据，因此，BIM 应用交付成果宜考虑与城市信息模型(CIM)平台的对接。

4 BIM 数据

4.2 分类和编码

4.2.2 编号是用来识别相同工程对象中的每一个对象的一组代码,可由数字和字母或其他代码组成。

4.2.4 各专项领域应基于表 4.2.4 的要求,对分类和编码进行引用、扩展和新增。其中,新增的分类表,应明确表代码,并在各专项领域标准中发布。

4.3 通用数据模式

4.3.1 通用数据模式的各概念层应包括下列内容:核心层数据应包含最通用的实体,每个实体应拥有全局唯一的 ID 码、所有者和历史继承信息;共享层数据应包含特定产品、过程或资源的实体;专业领域层数据应包含某个专业领域特有的产品、过程或资源的实体;资源层数据应包含全部单独的资源模式,并不应设全局唯一的 ID 码且不应脱离其他层定义的元素独立使用。

5 实施策划

5.3 各阶段 BIM 实施方案

5.3.3 各阶段的 BIM 实施特殊要求包括：

1 规划阶段 BIM 实施方案宜重点关注复杂地形地貌、特殊环境的特殊要求，结合规划总控平台进行总体规划设计。

2 设计阶段 BIM 实施方案宜重点关注异形、超高层、大跨等特殊类型项目的参数化设计、设计仿真分析、绿色节能等应用，满足数字化设计要求。

3 施工阶段 BIM 实施方案宜重点关注危险性较大的分部分项工程、关键工序、复杂节点等重难点内容，满足项目智能化建造、智慧化管理和绿色建筑要求。

4 运维阶段 BIM 实施方案宜重点关注与各专业运维系统的集成，结合 BIM 运维管理系统制定实施方案，满足项目数字孪生、智能化运维和智慧化管理要求。

5 各阶段 BIM 实施方案宜考虑与工业化、绿色低碳、物联网、VR/AR/MR、云计算、大数据、移动互联、人工智能等专业技术融合应用。

6 协同管理

6.1 一般规定

6.1.1 协同工作是 BIM 实施的管理基础，脱离协同的工作模式，BIM 的数据价值和管理价值将无法合理体现。

6.1.2 BIM 实施对协同工作有较高的要求，协同工作是指实现多方、多专业、高效协作的方法。随着工作范围的扩大、工种角色的细化以及人员组成的复杂化，协同工作是减少问题发生、提高工作效率的有效途径。

6.2 工作流程

6.2.1 建设阶段是指项目的策划立项、勘察设计、施工、运维等，设定阶段流程是指在各阶段间 BIM 数据交付的相关流程。专项应用是指各阶段下的工作划分，例如各设计阶段的专项设计及其主要 BIM 应用，施工阶段的土建施工及安装施工及其主要 BIM 应用等，运维阶段的空间管理、资产管理及其主要 BIM 应用等。具体任务是指在各专项应用中的具体工作安排产生的 BIM 建模和 BIM 应用活动。

6.2.2 流程的负责人是指对该流程控制和监督责任人，确保该流程得到落实；流程的关键人员是指对流程走向有审批或验证权限的重要节点人员；流程的执行者是指流程中涉及的其他非审批或验证的节点人员。流程关键人员可由业主方 BIM 项目经理、各实施方 BIM 项目经理共同组成。

7 模型创建

7.1 一般规定

7.1.1 模型创建过程中，应根据项目特点确定模型内容、命名规则、划分和整合规则、更新机制等。

7.2 模型精细度

7.2.1 为保证与几何表达精度和信息深度上的统一，本条对现行国家标准《建筑信息模型设计交付标准》GB/T 51301 中的模型单元分级与模型精细度基本等级划分进行了归纳合并。

7.2.2 BIM 模型精细度等级，与工程阶段没有一一对应关系，可根据项目具体应用需求，选择不同几何精度和信息深度等级进行组合。本标准作为统一标准，仅作出框架定义，更为详尽的关于模型精细度的规定，应参照相关专业标准。

7.2.3 国家标准《建筑信息模型施工应用标准》GB/T 51235—2017 中第 4.3.1 条规定了施工模型及上游的施工图设计模型细度等级代号，即施工图设计模型为 LOD300（对应本标准的 LOD3.0），深化设计模型为 LOD350，施工过程模型为 LOD400（对应本标准的 LOD4.0），竣工验收模型为 LOD500。

7.3 模型要求

7.3.2 考虑到建设工程各领域特点，本标准仅作简要规定，具体规定由各领域专用标准定义。

9 设计阶段应用

9.1 一般规定

9.1.3 设计 BIM 模型构建与维护、建筑性能模拟分析、虚拟仿真漫游、面积明细表统计、空间明细表统计、设计冲突检查、三维管线综合及净空优化、辅助算量分析、环境拍照及扫描等应用点可在多个设计阶段应用，也可以跨设计阶段应用。

9.2 BIM 应用及成果要求

9.2.1 设计阶段 BIM 用作工程计算分析时，可以详细策划以下内容：

1 结构分析：利用 BIM 分析建模软件建模，确定给定结构系统的模型，包括勘察、场地平整、地基和上层结构。基于 BIM 的结构分析，精细化设计，创造有效、高效且可建造的结构系统。

2 通风分析：利用 BIM 分析建模软件建模，并将模型合并到场地模型中，以预测性能，例如计算流体动力学（CFD）、通风评估（AVA）等。

3 光照分析：利用 BIM 分析建模软件建模，确定照明系统的行为，可以包括人工（室内和室外）和自然（采光和遮阳）照明，建造有效、高效和可建造的照明系统。该分析可以显着改善设计和性能设施在其生命周期内的照明和舒适度要求。

4 能耗分析：使用一个或多个建筑能耗模拟程序对当前的能耗进行评估。这类 BIM 用途的核心目标是检查建筑能耗是否符合标准，同时优化设计，以减少结构的运维成本。

5 消防分析：在采用消防工程的地方，可以利用 BIM 建模来辅助分析评估消防方面的合规要求，协助确定额外的消防安全规定，以弥补偏差或不足，促进定量分析改善解决方案。

6 人防分析：将需要平战转换的内容在设计阶段进行体现（包含临战砌筑的防爆隔墙、干厕、水箱及相关的各专业设备和管道等），分析人防布置的合理性，在设计阶段辅助指导平战转换工作的有序实施。

7 其他分析：其他工程分析可能包括热分析、机械分析、声学分析、环境噪声分析、水暖分析、排水分析、人员流动分析、风险分析等。模型可以预测系统的性能，之后将其与实际数据比较进行优化。